Die wunderbare Welt der Chemie in interessanten Versuchen

Sebastian Westerhold
Seekoppel 1
24211 Pohnsdorf

Tel.-Nr: 04342 / 788626

www.s-westerhold.com

© 2007

Inhaltsverzeichnis

Vorwort (Seite 4)

Versuche

Vorwort

Bücher mit interessanten Versuchen gibt es bereits wie Sand am Meer. Wodurch setzt sich dieses Buch nun also von der breiten Masse ab?

Nun, bei der Auswahl der Versuche wurde darauf geachtet, dass es nach Möglichkeit raucht, knallt, stinkt und gut aussieht!

In unserer durch Terrorismus und Gewalt geprägten Gesellschaft, ist man als Hobbychemiker eher gefürchtet als geachtet. Man sollte sich deshalb genauestens Gedanken machen, welche Versuche man als Schauexperimente durchführen sollte und welche nicht.

Auf jeden Fall gilt bei Versuchen mit gefährlichen Materialen der Leitsatz "So wenig wie möglich, so viel wie nötig". Die angegebenen Mengenangaben sollten im Versuch erprobt und gegebenenfalls an die Größe des Vorführraumes angepasst werden.

Privatpersonen müssen bei der Herstellung von explosionsfähigen Substanzen sowie bei der Herstellung von Stoffen, die als Kampfstoffe eingesetzt werden können, die aktuell geltenden Gesetze ihres Landes beachten. Dies gilt nicht für Schulen, Universitäten und anderen Institutionen mit einem Bildungsauftrag.

In diesem Buch werden Anleitungen für die Synthese von Spreng- und Kampfstoffen gegeben. Diese Anleitungen sollten allerdings nur mit höchster Vorsicht in einen Praxisversuch umgesetzt werden!

Die Reaktionsprodukte können, soweit nicht anders angegeben, über das Abwasser oder den Hausmüll entsorgt werden.

Der Autor übernimmt keinerlei Haftung für irgendwelche Schäden, die durch die vorgestellten Versuche entstehen.

Die Versuche sollten nur von Personen mit der nötigen Sachkenntnis durchgeführt werden!

1. Oxidation mit Luft - Blaue Flüssigkeit wird farblos

Sicherheitshinweise
Natriumhydroxid ist stark ätzend, Methylenblau ist gesundheitsschädlich.

Chemikalien
Natriumhydroxid
Methylenblau
Glucose
destilliertes Wasser

Geräte
1 1-L-Becherglas
1 Magnetrührer
1 Pipette

Versuch
Das Becherglas wird mit einem Liter destilliertem Wasser gefüllt. Im Wasser werden anschließend 50g Natriumhydroxid gelöst. Danach wird die Lösung mit Glucose gesättigt.

Das Becherglas stellt man nun auf den Magnetrührer und legt ein Rührfisch in die Lösung. Jetzt werden wenige Tropfen Methylenblau hinzugegeben und der Magnetrührer wird eingeschaltet.

Die Lösung nimmt eine intensive, blaue Färbung an.

Man schaltet nun den Rührer ab und beobachtet eine Entfärbung der Lösung. Ein Wiedereinschalten des Rührers führt zur erneuten Blaufärbung der Lösung. Dieser Vorgang kann beliebig oft wiederholt werden.

Erklärung
Der Farbstoff wird durch die Glucose zum farblosen Leukomethylenblau reduziert. Der beim Rührvorgang eingebrachte Luftsauerstoff oxidiert Leukomethylenblau wieder zu Glucose und Methylenblau.

2. Feuer im Eis - Magnesium reduziert Kohlendioxid

Sicherheitshinweise

Trockeneis kann zu gefährlichen Erfrierungen führen. Es sind unbedingt Handschuhe zu verwenden. Magnesium entwickelt bei der Verbrennung einen hohen Anteil an schädlicher UV-Strahlung. Es wird daher empfohlen eine Schutzbrille zu tragen.

Chemikalien

Trockeneis
Magnesiumpulver

Geräte

1 Bunsenbrenner
Handschuhe

Versuch

Auf einer Trockeneisplatte wird Magnesiumpulver mit einem Bunsenbrenner entzündet. Nach dem entzünden legt man eine weitere Trockeneisplatte auf das brennende Magnesium.

Die Intensität der Verbrennung nimmt deutlich zu.

Erklärung

Trockeneis, welches aus Kohlendioxid besteht, wird vom Magnesium aufgrund seiner hohen Vebrennungstemperatur reduziert. Es bilden sich Kohlenstoff und Magnesiumoxid.

3. Feuer unter Wasser - Reaktion von weißem Phosphor mit Sauerstoff

Sicherheitshinweise

Weißer Phosphor ist hochgiftig, bereits 50 mg sind tödlich. Der Tod tritt erst nach 5 bis 10 Tagen ein, die Giftwirkung beruht auf einer Störung der Eiweiß- und Kohlenhydratsynthese. Es ist unbedingt eine gesättigte Kupfersulfatlösung bereitzuhalten, die durch den Phosphor zu ungefährlicher Kupferphosphidlösung reduziert wird.

Chemikalien

- weißer Phosphor
- Sauerstoff aus einer Druckdose oder Stahlflasche
- Kupfersulfat
- Wasser

Geräte
1 Rundkolben
1 Stativ

Versuch
In einem mit Wasser gefülltem Rundkolben wird ein ca. erbsengroßes Stück weißer Phosphor vorgelegt.
Durch ein Glasrohr leitet man nun Sauerstoff in

die Nähe des Phosphors.
Der Phosphor entzündet sich unter Wasser und emittiert deutlich sichtbares Licht.

Erklärung
Weißer Phosphor wird vom Sauerstoff zu Phosphorpentoxid oxidiert. Diese Reaktion ist stark exotherm. Die emittiererte Wärme reicht aus um den Phosphor partial zur Entzündung zu bringen. Ein Großteil des Phosphorpentoxid löst sich im Wasser unter Bildung von Phosphorsäure.

Entsorgung
Sämtliche Geräte, die mit weißem Phosphor in Kontakt gekommen sind, müssen mit Kupfersulfatlösung gespült werden, bis sich keine schwarzen Flecken von Kupferphosphid mehr bilden.

Alle entstandenen Abfallstoffe sind als chemischer Sondermüll zu entsorgen.

4. Chemische Selbstentzündung - Oxidation von weißem Phosphor an der Luft

Sicherheitshinweise

Weißer Phosphor ist hochgiftig, bereits 50 mg sind tödlich. Der Tod tritt erst nach 5 bis 10 Tagen ein, die Giftwirkung beruht auf einer Störung der Eiweiß- und Kohlenhydratsynthese. Es ist unbedingt eine gesättigte Kupfersulfatlösung bereitzuhalten, die durch den Phosphor zu ungefährlicher Kupferphosphidlösung reduziert wird. Schwefelkohlenstoff ist giftig und Leichtentzündlich. Da Schwefelkohlenstoff gut fettlöslich ist, führt längeres Einatmen zu Vergiftungserscheinungen: Die akute Schwefelkohlenstoffvergiftung äußert sich in Gesichtsrötung, euphorischen Erregungszuständen, dann Bewusstlosigkeit, Koma und Atemlähmung, die chronische Schwefelkohlenstoffvergiftung durch wiederholtes, längeres Einatmen ergibt Kopfschmerzen, Schlaflosigkeit, Gedächtnis-, Seh- und Hörstörungen, Nervenentzündungen und Gefäßschäden.

Chemikalien

weißer Phosphor
Tetrachlormethan
Kupfersulfat

Geräte
1 Stativ
1 Stück Filterpapier
1 Pipette

Versuch
Auf eine an einem Stativ befestigte Querstange befestigt man ein Stück Filterpapier. Nun löst man etwas weißen Phosphor in Schwefelkohlenstoff und füllt diese Lösung in eine Pipette. Man tränkt das Filterpapierstück mit der Lösung und wartet ab.

Na kurzer Zeit entzündet sich das Filterpapier und verbrennt sehr schnell.

Erklärung
Schwefelkohlenstoff hat einen sehr niedrigen Siedepunkt und verdampft bereits bei Zimmertemperatur. Der nun frei auf dem Filterpapier befindliche Phosphor reagiert mit dem in der Luft enthaltenden Sauerstoff stark exotherm unter der Bildung von Phosphorpentoxid.

Entsorgung
Sämtliche Geräte, die mit weißem Phosphor in Kontakt gekommen sind, müssen mit Kupfersulfatlösung gespült werden, bis sich

keine schwarzen Flecken von Kupferphosphid mehr bilden.

Alle entstandenen Abfallstoffe sind als chemischer Sondermüll zu entsorgen.

5. Brom entzündet ein Feuer - Bildung von Phosphorbromid

Sicherheitshinweise

Brom ist äußerst giftig, seine Dämpfe sollten nicht eingeatmet werden. Da Brom ätzend ist, sollte es in seiner flüssigen Form keine Haut berühren.

Roter Phosphor ist leichtentzündlich.

Chemikalien

Brom

roter Phosphor

Geräte

Petrischale

Pipette

Versuch

In einer Petrischale werden einige Spatelspitzen roter Phosphor vorgelegt und zu einem Haufen geformt. Man tropft nun einige Milliliter Brom auf die Spitze des Haufens.

Sofort setzt eine stark exotherme Reaktion ein, die sogar die Petrischale zum Springen bringen kann.

Erklärung

Brom oxidiert Phosphor in einer stark exothermen Reaktion zu Phosphorbromid.

Entsorgung

Alle entstandenen Stoffe sind als chemischer Sondermüll zu entsorgen.

6. Violetter Rauch - Bildung von Aluminiumiodit

Sicherheitshinweise
Iod ist gesundheitsschädlich und umweltgefährdend. Aluminiumpulver ist leicht entzündlich.

Chemikalien
Iod
Aluminiumpulver
Wasser

Geräte
1 feuerfeste Unterlage
1 Pipette

Versuch
Auf einer feuerfesten Unterlage legt man einige Spatelspitzen Aluminiumpulver und etwa die gleiche Menge Iod vor und vermischt die beiden Stoffe gründlich.
Nachdem man aus dem Gemisch einen Haufen geformt hat, tropft man weinige Milliliter Wasser auf die Spitze des Haufens.
Sofort setzt eine stark exotherme Reaktion ein und es bildet sich ein dichter, violetter Rauch.

Erklärung
Bei der Zugabe von Wasser bildet sich in einer

stark exotherme Reaktion Aluminiumiodit. Da Iod im Überschuss vorhanden ist, sublimiert ein großer Teil des Iod und bildet einen violetten Rauch.

Entsorgung

Alle entstandenen Stoffe werden als chemischer Sondermüll entsorgt.

7. Zucker wird Explosiv - Synthese von Nitromannitol

Sicherheitshinweise

Konzentrierte Schwefelsäure, Salpetersäure und die entstehende Nitriersäure sind stark ätzende Säuren. Das Tragen von Handschuhen und einer Schutzbrille ist eine absolute Notwendigkeit bei diesem Versuch. Es entstehen hochgiftige nitröser Gase bei der Durchführung des Versuches. Auf eine ausreichende Belüftungsmöglichkeit ist zu achten. Ethanol ist leicht entzündlich.
Nitromannitol ist nach den Definitionen des Sprengstoffgesetzes ein Explosivstoff und muss deswegen restlos vernichtet werden!

Chemikalien

konzentrierte Schwefelsäure
konzentrierte Salpetersäure (mindestens 65%-ig)
Mannazucker

Geräte

2 Bechergläser
1 Rührstab aus Glas
1 Trichter
Rundfilter oder Faltenfilter

Versuch

In einem Becherglas mischt man zuerst Ca. 50ml Schwefelsäure mit der zweifach molaren Menge Salpetersäure. Es entsteht auf direktem Wege, unter Freisetzung nitröser Gase, Nitriersäure.

Nachdem die Nitriersäure abgekühlt ist, wird nun langsam Mannazucker zugesetzt. Man benötigt etwa 1g Mannazucker pro 10ml Nitriersäure. Die Nitriersäure wird sich bei diesem Vorgang erwärmen. Erwärmt sich die Nitriersäure über 40°C muss die Zugabe gestoppt werden und wird erst wieder fortgesetzt, wenn die Säure abgekühlt ist.

Optional kann man das Becherglas auch in eine Wanne mit einer Mischung aus Wasser, Eis und Salz stellen um den Kühlvorgang zu beschleunigen.

Das Gemisch lässt man nun mindestens 30 Minuten stehen. Während des Nitriervorganges stellt man ein weiteres Becherglas mit 400ml Wasser bereit. Nachdem der Nitriervorgang abgeschlossen ist, füllt man das Gemisch aus Nitromannitol und Nitriersäure in das Wasser des zweiten Becherglases und filtriert das Gemisch. Die im Filter gesammelte Substanz ist das Nitromannitol, welches nun mehrstufig gereinigt werden muss.

In der ersten Stufe wird das Nitromannitol in einer Natriumhydrogencarbonatlösung neutralisiert. Das Gemisch filtriert man nochmals und löst es in Ethanol und filtert es wieder aus.

Man erhält ein äußerst reines Nitromannitol, welches man nun zu einem Haufen formen und entzünden kann.

Erklärung

Nitriersäure ist eine sehr starke Säure, die in der Lage ist viele organische Stoffe zu nitrieren. Unter Erwärmung geben Nitrate ein Sauerstoffmolekül ab und werden somit zu Nitrit reduziert, welches wiederum bei Erwärmung Sauerstoff abgibt. Die Abgabe von Sauerstoff lässt den Mannazucker sehr schnell verbrennen.

Entsorgung

Die Nitriersäure kann stark verdünnt über das Abwasser entsorgt werden. Das Nitromannitol muss restlos vernichtet werden.

Ergänzung

Auf die gleiche Art und Weise stellt man den Hochbrisanzsprengstoff TNT her. Hierbei wird anstelle des Mannazuckers Toluol nitriert und man erhält Trinitrotoluol, welches die korrekte Bezeichnung für TNT ist. Die Synthese von TNT ist allerdings sehr gefährlich und wird nicht empfohlen.

Der bekannte Sprengstoff Glycerintrinitrat, im Volksmund auch "Nitroglycerin" genannt, ist mit dem gleichen Herstellungsverfahren aus Glycerin zugänglich sollte aber - wenn überhaupt - (wovon abzuraten ist) nur in sehr kleinen Mengen erfolgen.

8. 2-Chlorcetophenon reizt die Augen - Synthese von Tränengas

Sicherheitshinweise

Chlor ist sehr Giftig. Es ist auf eine ausreichende Belüftungsmöglichkeit zu achten, ein Abzug ist empfehlenswert.
Acetophenon ist gesundheitsschädlich.

Chemikalien

Chlor aus einer Druckdose oder einem Gasentwickler
Acetophenon

Geräte

1 Becherglas
1 Glasrohr
1 beheizbarer Magnetrührer
1 Thermometer
1 Pipette

Versuch

In ein Becherglas gibt man ca. 50ml Acetophenon und erhitzt es unter umrühren.
Hat das Acetophenon eine Temperatur von ca. 50°C erreicht, wird langsam bis zur Sättigung Chlorgas eingeleitet.
Man gibt nun einen Tropfen der Flüssigkeit auf ein Stück Filterpapier und fächelt sich vorsichtig Luft zu.

Die Augen sondern sofort Tränen ab und es ist ein brennender Schmerz wahrzunehmen. Bei Überdosierung des 2-Chloracetophenon nimmt man zusätzlich eine Reizung der Atmungsorgane und der Mundschleimhaut war.

Erklärung
Verbindungen von Halogenen mit vielen Kohlenwasserstoffen sind stark ätzend und sind selbst in starker Verdünnung noch in der Lage die empfindlichen Schleimhäute der Atmungsorgane sowie die Augen zu reizen. Alternativ kann man auch folgende Edukte verwenden, das Verfahren bleibt unverändert:

Brom + Acetophenon → 2-Bromacetophenon
Chlor + Aceton → 3-Chloraceton
Brom + Aceton → 3-Bromaceton

Entsorgung
Das Tränengas wird mit Natriumhydroxid unschädlich gemacht und kann dann über das Abwasser entsorgt werden.

9. Selbstentzündung - Reduktion von Chrom-(VI)-Oxid

Sicherheitshinweise
Chrom-(VI)-Verbindungen sind äußerst giftig. Chromverbindungen sind als krebserregend eingestuft.
Methanol ist giftig.

Chemikalien
Chrom-(VI)-Oxid
Ethanol oder Methanol

Geräte
1 Abdampfschale oder andere Unterlage
1 Pipette

Versuch
In einer Abdampfschale werden einige Gramm Chrom-(VI)-Oxid vorgelegt und wenige Milliliter Ethanol oder Methanol hinzugetropft.
Das Gemisch entzündet sich sofort mit einer großen Stichflamme.

Erklärung
Chrom-(VI)-Oxid ist ein starkes Oxidationsmittel, welches in der Lage ist den Alkohol zu oxidieren.

$$2\ CrO_3 + C_2H_5OH + {}^3/_2\ O_2 ==> Cr_2O_3 + 2\ CO_2 + 3\ H_2O$$

Entsorgung

Sämtliche Stoffe müssen als Schwermetallabfall entsorgt werden.

10. Kopfschmerzen Ade - Synthese von Acetylsalicylsäure (Aspirin®)

Sicherheitshinweise
Essigsäureanhydrid, Essigsäure und konz. Schwefelsäure sind ätzend. Salicylsäure und Acetylsalicylsäure sind gesundheitsschädlich.

Chemikalien
Essigsäureanhydrid
Essigsäure 99%-ig
Schwefelsäure konz.
Salicylsäure
Eis

Geräte
2 Messkolben 1-50ml
1 Becherglas 250 - 500ml
1 Rundkolben mit Stopfen
1 Stativ
1 Wanne

Versuch
Man wiegt 5 g Salicylsäure ab und gibt sie anschließend in den Rundkolben. Wenn dies geschehen ist, gibt man 10 ml Essigsäureanhydrid hinzu und schüttelt mindestens 1 Minute lang, bis sich das Salicylsäurepulver gleichmäßig verteilt hat.

Danach gibt man 10 ml Essigsäure und 3-5 Tropfen konz. Schwefelsäure als Katalysator hinzu.

Nun rührt man das Gemisch vorsichtig um, verschließt den Kolben mit einem Stopfen und schüttelt den Kolben solange, bis das Gemisch durchsichtig geworden ist. Dieser Vorgang kann einige Minuten dauern.

Nun stellt man das Becherglas in eine Wanne mit Eiswasser und schüttet den Inhalt des Rundkolbens hinein und wartet solange, bis sich die Acetylsalicylsäure auskristallisiert hat. Nun wäscht man die Kristalle mehrmals (ca. 2 - 3 mal) mit Wasser und lässt sie trocknen. Man hat nun relativ reine Acetylsalicylsäure.

Erklärung
Die Salicylsäure reagiert mit Essigsäureanhydrid mit Hilfe der Essigsäure und der Schwefelsäure, die beide als Katalysator dienen, zu Acetylsalicylsäure.

11. Feuer unter Wasser - Oxidation von Acetylen

Sicherheitshinweise
Acetylen ist leicht entzündlich.
Chlor ist sehr giftig, auf eine ausreichende Belüftungsmöglichkeit ist zu achten.

Chemikalien
Chlor aus Druckdose, Stahlflasche oder Gasentwickler[1]
Acetylen aus Druckdose, Stahlflasche oder Gasentwickler[2]
Wasser

Geräte
1 1L-Becherglas oder großer Standzylinder
2 Glasrohre

Versuch
Man füllt ein Becherglas oder einen Standzylinder bis ca. 5 cm unter den Rand mit Wasser und leitet über zwei Glasrohre gleiche Mengen von Acetylen und Chlor ein.

Wen die beiden Gase im Wasser

---

[1] Chlor ist im Labor aus Kaliumpermanganat, Braunstein oder einem beliebigen Hypochlorid und Salzsäure zugänglich.
[2] Acetylen ist im Labor aus Calciumcarbid und Wasser zugänglich.

zusammenkommen, verbrennt das Acetylen unter Flammenerscheinung und Bildung von Ruß, der sich an der Wasseroberfläche sammelt.

Erklärung
Chlor reagiert mit Acetylen in einer stark exothermen Reaktion.

12. explosives Silber - Synthese von Silberacetylid

Sicherheitshinweise
Silberacetylid darf keinesfalls aufbewahrt werden, Explosionsgefahr!
Silbernitrat ist ätzend und umweltgefährlich. Ammoniak ist Ätzend. Acetylen ist leicht entzündlich.

Chemikalien
Acetylen aus einer Druckdose oder aus einem Gasentwickler[3]
1%-ige Silbernitratlösung
Ammoniak
halbkonzentrierte Salpetersäure

Geräte
1 50ml-Becherglas
1 Glasrohr
1 Trichter
1 Faltenfilter oder Rundfilter
1 mit Wasser gefüllte Spritzflasche

Versuch
In einem Becherglas werden 10 ml ammoniakalische Silbernitratlösung vorgelegt. Nun leitet man über das Glasrohr Acetylen ein.

---

[3] Acetylen ist im Labor aus Calciumcarbid und Wasser zugänglich

Es bildet sich zunächst ein weißer Niederschlag, der sich bald grau einfärbt. Außerdem erkennen wir an der Glaswand die Bildung eines Silberspiegels. Das Gemisch wird filtriert und das Filtrat auf eine Unterlage zum trocknen gelegt. Es ist reines Silberacetylid entstanden, welches bei Entzündung, Schlag oder Reibung explosionsartig zerfällt.

Erklärung
Silberacetylid ist wie alle Schwermetallacetylide hochexplosiv. Der Bildungsweg lautet wie folgt:

$$C2H2 + 2\ Ag \rightarrow C2Ag2$$

Bei Energiezuführung zerfällt es in einer stark exothermen Reaktion in die Elemente Silber und Kohlenstoff.

$$C2Ag2 \rightarrow 2Ag + 2C + Energie$$

Entsorgung
Alle Apparaturen werden mit halbkonzentrierter Salpetersäure gespült und mit Wasser verdünnt. Die Flüssigkeit wird als Schwermetallabfall entsorgt.

13. Fingerabdrücke sichtbar machen - Silbernitrat im Auftrag der Forensik

Sicherheitshinweise
Methanol ist giftig und leicht entzündlich. Silbernitrat ist ätzend und umweltgefährdend.

Chemikalien
Methanol
Silbernitrat

Geräte
1 Sprühflasche
1 100ml-Becherglas
1 Fön®
1 UV-Lampe
1 Papier mit nachzuweisenden
  Fingerabdrücken

Versuch
Man löst in einem Becherglas 1g Silbernitrat in 50ml Methanol und besprüht das zu untersuchende Papier mit dieser Lösung. Nach dem Trocknen des Papiers mit dem Fön wird dieses mit der UV-Lampe bei 366nm bestrahlt. Nach einigen Minuten werden Fingerabdrücke sichtbar.

Erklärung

Grundlage für die Detektion von Fingerabdrücken mittels chemischer Methoden ist die Abgabe bestimmter Stoffe über die Haut. So ist es möglich Aminosäuren (10- 100µg pro mm2 Haut) mit Hilfe von Ninhydrin oder Chlorid-Ionen (im menschlichen Schweiß vorhanden; 10µg pro mm^2 Haut) durch Silbernitratlösung und anschließender Reduktion der Silber-Ionen zu Silber nachweisen.

14. Blut leuchtet im Dunkeln - forensischer Nachweiß für Blut

Sicherheitshinweise
Wasserstoffperoxid-Lösung und Natriumcarbonat sind Reizend. Luminol ist nicht vollständig geprüft und sollte als potenzieller Gefahrenstoff eingestuft werden.

Chemikalien
Natriumcarbonat
10%-ige Wasserstoffperoxid-Lösung[4]
Luminol

Geräte
1 100ml-Becherglas
1 Sprühflasche
1 mit Blutflecken präpariertes Kleidungsstück[5]

Versuch
In einem Becherglas legt man 10g Natriumcarbonat und 0,5g Luminol vor und gibt unter rühren 100ml einer 10%-igen Wasserstoffperoxid-Lösung hinzu.
Die Lösung gibt man nun in die Sprühflasche und besprüht das zu untersuchende

---

[4] Ersatzweise kann man eine 10%-ige Natriumperoxid-Lösung verwenden.
[5] Anstelle von Blut kann auch Kaliumhexacyanoferrat(III) verwendet werden.

Kleidungsstück in einem abgedunkelten Raum vollständig mit der Lösung. Die Blutflecken fangen an blau zu leuchten und können somit einwandfrei als Blut identifiziert werden.

Erklärung

Luminol wird unter Einwirkung von Wasserstoffperoxid in alkalischer Lösung zum Diazachinon oxidiert. Im weiteren Verlauf kommt es zur Oxidation zu einem Peroxodianion. Nach Abspaltung eines Stickstoff-Moleküls aufgrund der katalysierenden Wirkung des im Blut enthaltenen Protohäms bildet sich das Aminophthalsäuredianion in einem angeregten Zustand. Durch Abgabe von Lichtenergie wird der energetische Grundzustand wieder erreicht.

Impressum

© 2008 Sebastian Westerhold

Seekoppel 1
24211 Pohnsdorf

ISBN-13: 9783837010107

Herstellung und Verlag:

Books on Demand GmbH, Norderstedt

Bibliografische Information der Deutschen Nationalbibliothek

Die Deutsche Nationalbibliothek verzeichnet diese Publikation in der Deutschen Nationalbibliografie; detaillierte bibliografische Daten sind im Internet über http://dnb.d-nb.de abrufbar.

Notizen

_____

_____

_____

_____

_____

_____

_____

_____

_____

_____

_____

_____

_____